AF330663

S

2721

OPUSCULE

PHYSICO-AGRONOMIQUE,

SUR LA NÉCESSITÉ DE CONSTRUIRE,

DANS TOUTES LES PROPRIÉTÉS RURALES,

DES CITERNES D'ENGRAIS.

A PARIS, DE L'IMPRIMERIE DE PILLET AÎNÉ,
rue Christine, n° 5.

OPUSCULE
PHYSICO-AGRONOMIQUE,

SUR LA NÉCESSITÉ DE CONSTRUIRE,

DANS TOUTES LES PROPRIÉTÉS RURALES,

DES CITERNES D'ENGRAIS;

RÉDIGÉ, A LA DEMANDE DE LA SOCIÉTÉ D'AGRICULTURE
DU DÉPARTEMENT DE L'ARRIÉGE,

PAR M. DA-OLMI,

Professeur de Physique au collége royal de Moulins, Membre
de l'Institut de Gènes, de l'Académie des Sciences de Man-
heim, de Toulouse, des Géorgophiles de Florence, de la
Société d'Agriculture du dépt de l'Arriége, etc.

Beatus ille qui procul negotiis,
Ut prisca gens mortalium,
Paterna rura bobus exercet suis
Solutus omni fœnore.
HORACE.

DEUXIÈME ÉDITION.

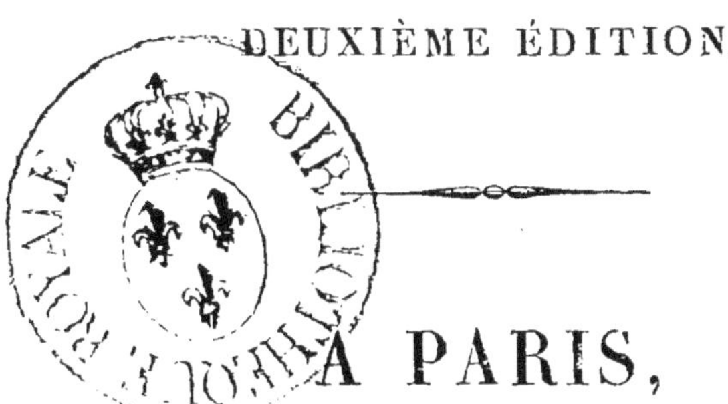

A PARIS,

CHEZ PILLET AINÉ, IMPRIMEUR-LIBRAIRE,
ÉDITEUR DU VOYAGE AUTOUR DU MONDE,
De la Collection des Mœurs françaises, anglaises et italiennes, etc.,

RUE CHRISTINE, N° 5.

1825.

AVERTISSEMENT

DE L'ÉDITEUR.

—

Rédigé d'abord pour un de nos départemens, cet ouvrage franchit bientôt les limites. On le demandait de toutes parts à son premier éditeur, qui n'en avait fait imprimer qu'un petit nombre d'exemplaires.

Cet empressement venait de ce que les conseils qu'il renferme avaient paru résoudre, à ceux qui l'avaient lu, une des questions les plus importantes de l'économie rurale, celle d'obtenir le meilleur engrais avec le moins de peine et de dépense. Ce jugement a été confirmé depuis par cette classe de cultivateurs qui joint à une théorie sage une

expérience acquise sous des climats différens.

Il ne manquait donc à ce petit Traité, pour faire tout le bien dont il est susceptible, qu'une plus grande publication; c'est ce que nous avons cru devoir faire, dans l'intérêt de notre agriculture.

Les livres dont on a à faire usage, surtout dans les champs, doivent être portatifs : nous avons choisi, pour cette seconde édition, le format in-douze, comme le plus commode sous ce rapport.

OPUSCULE

PHYSICO-AGRONOMIQUE,

SUR LA NÉCESSITÉ DE CONSTRUIRE,

DANS TOUTES LES PROPRIÉTÉS RURALES,

DES CITERNES D'ENGRAIS.

———

Les végétaux sont des êtres organiques, vi-
vans, insensibles, privés de loco-mobilité,
et existant par intus-susception, c'est-à-dire,
par la faculté inexplicable, dont ils jouissent,
d'assimiler à leur propre substance, comme
les animaux, les principes alimentaires qui
leur sont fournis par la terre, l'atmosphère
et l'eau. La première absorbe ; la seconde reçoit et rend les substances gazéfiées ; la troisième dissout. C'est de ce triple laboratoire,
solide, aérien et liquide, que les plantes de
toute espèce tirent les matériaux nécessaires
à leur développement , à leur vie, à leur pro-

duction. Le calorique et la lumière opèrent ensuite, sous l'influence immédiate des lois chimiques et du pouvoir vital, les différentes transitions, propres à convertir en matière végétale ce qui était préalablement d'une nature différente. Tel est, en peu de mots, l'énoncé de toute la théorie de la végétation. En traitant le sujet physico-agronomique dont il s'agit, nous ne présenterons aux amis de la science agraire que des raisonnemens clairs, rectifiés par l'observation, et confirmés par l'expérience.

Personne n'ignore que la terre peut être comparée à une mère nourrice, qui n'allaite jamais mieux ses enfans, que quand elle prend la quantité et la qualité des alimens qui lui conviennent; ainsi, le premier soin du bon agriculteur doit être celui dé fournir à son terrain les matières les plus abondantes en principes réparateurs des pertes occasionées par la production. L'ignorance, les habitudes d'une ancienne routine, s'opposent toujours, nous le savons bien, aux vues de l'homme éclairé, et triomphent même quelquefois de son zèle; mais ces obstacles, loin de décourager les ames généreuses, qui veulent vraiment le bien, ne servent, au contraire, qu'à les rendre aussi inflexibles dans leurs résolutions, que les rochers sont immobiles au milieu des flots. Cela posé, c'est aux propriétaires ruraux, doués de cette fermeté de caractère, que nous avons l'honneur d'adresser maintenant l'exposé succinct de nos observations et de nos expériences.

Nous diviserons cet ouvrage en deux parties, savoir : en partie rationnelle, et en partie pratique. On fera connaître dans la première quels sont les agens physiques de la nutrition et de l'accroissement des végétaux : on démontrera dans la seconde la nécessité de confier à la terre des engrais plus substantiels et plus productifs, d'après la méthode qui nous a paru aussi simple qu'économique, pour en obtenir la meilleure préparation.

Avec quel étonnement mêlé de joie n'avons-nous pas vu s'étendre, pas à pas, sous notre plume, le sujet important que nous traitons! Aucun travail en effet ne saurait faire mieux sentir de quel poids doivent être un jour les connaissances de la chimie, et de quelle gloire peuvent se couvrir ceux qui cultiveront avec succès cette belle science, dans la vue de ses rapports avec l'utilité publique ; et quand notre ouvrage ne contribuerait qu'à exciter ou à confirmer ces idées chez une personne de plus, nous croirons toujous avoir remporté une partie de la récompense accordée, de tout tems, à l'émulation des savans, c'est-à-dire, la reconnaissance de la société.

Partie rationnelle.

Selon les anciens, le terrain transmettait aux plantes toute la substance nécessaire à la production végétale ; de sorte que la terre seule était, d'après leur manière de voir, l'élément propre, ou pour mieux dire, l'élément universel de la végétation. Des physiciens célèbres, dans les siècles moins reculés, tels que Boyle et Vanhelmont, ont prouvé jusqu'à l'évidence la fausseté de cette opinion. Le premier de ces deux savans mit un jeune saule dans un vase plein de terre, qu'il avait pesé exactement. Au bout de cinq ans, ce petit arbre avait acquis cent soixante-cinq livres de poids, et la terre n'avait pas perdu deux onces du sien. Cette plante avait donc puisé sa substance, ou dans l'eau dont on avait arrosé la terre, ou dans l'air. Les végétaux (dit l'illustre physicien Ingen-Honz), les végétaux, étant destitués de mouvement progressif, ne peuvent, comme les animaux, aller chercher leur aliment. Destinés à passer tout le tems de leur vie dans l'étendue même où ils ont pris naissance, il était nécessaire qu'ils trouvassent, dans l'enceinte de l'espace qu'ils occupent, tout ce qui leur faut pour subsister. N'étant en contact qu'avec la terre et avec l'air, c'est dans ces deux substances qu'ils doivent puiser la nourriture dont ils ont besoin. La terre, considérée comme telle, abstraction faite de l'humidité, des sels, et des matières phlogistiques dont elle est généralement pénétrée, et que les filamens des racines pompent, ne sert aux plantes que d'appui ou de base, sur laquelle elles se fixent d'une manière stable, en répandant leurs nombreuses racines en tout sens, et quelquefois très-profondément. Si nous comparons la petitesse de la racine de la plupart des plantes avec leur tronc, leurs branches et leurs feuilles, nous verrons qu'elles cherchent à étaler une surface infiniment plus grande de leur être dans l'air que dans la terre, à cause du besoin supérieur qu'elles ont de l'influence de l'atmosphère, surtout pendant le tems que la chaleur de l'été anime la vigueur de leur végétation. Effectivement, une plante peut vivre sans terre, mais elle ne saurait survivre long-tems dans le vide. Quant à l'eau, elle doit être principalement regardée comme le véhicule des principes de la nutrition de tous les végétaux, et comme le liquide par lequel la masse des humeurs est entretenue dans un état de fluidité nécessaire à l'économie végétale. L'eau pure ne contient que très-peu de particules nutritives, et l'eau distillée en contient encore beaucoup moins; cependant l'eau distillée suffit seule pour faire croître une hyacinthe, une jonquille, etc., pourvu qu'on laisse jouir ces plantes de l'air. Cela indique que les végétaux ont un plus grand besoin du principe qu'ils tirent de l'air, que de celui qu'ils peuvent trouver dans l'eau. En effet, beaucoup de plantes végètent très-bien sans aucune eau. Le sempervivum-tectorum (jubarbe des toits) reste végétant, pendant des mois entiers, sans eau. Plusieurs plantes des pays chauds qui croissent dans les rochers les plus arides, sous un ciel ardent qui sèche tout, demeurent en pleine vigueur, lorsque même il ne pleut pas dans l'espace de plusieurs mois, tandis que beaucoup d'autres plantes de ces mêmes climats se dessèchent, et périssent par cette même sécheresse : telles sont les agaves, les cactus, et bien d'autres. La plante appelée cacalia se soutient en bonne végétation, même dans nos serres, pendant des années, et croît luxurieusement sans être arrosée. La raison de ce phénomène paraît au premier coup d'œil difficile à comprendre. L'auteur cité pense qu'on doit en attribuer la cause à ce que ces plantes engendrent du froid par lequel l'air, en contact avec leur substance, y précipite l'humidité tenue en suspension dans l'atmosphère, et même en une quantité d'autant plus grande que l'air est plus chaud. C'est pour cette même raison que la surface d'une carafe, remplie d'eau à la glace, se charge d'autant plus d'humidité, que l'air en contact avec elle est plus chaud ; de même aussi, l'humidité qui se précipite continuellement dans les pays chauds, quoique d'une manière invisibe, sur la surface des plantes qu'on vient de nommer, pénètre leur substance, et entretient la fluidité nécessaire à leurs sucs. On serait cependant dans la plus grande erreur si l'on croyait que l'humidité seule suffit pour la vitalité des plantes ; il leur faut une autre nourriture, et c'est de l'atmosphère qu'elles la reçoivent. L'air est digéré dans la substance de la plante. Le principe inflammable et constitutif de l'humidité qu'accompagne toujours le fluide aérien, ainsi qu'une partie des composans de celui-ci, demeurent comme aliment du végétal qui se défait de la matière superflue, et même nuisible à sa constitution, par l'action constante du calorique et de la lumière. Mais quelle est la véritable preuve de l'existence de cette matière assimilable, que le seul pouvoir chymico-vital rend progressivement végétative, et par laquelle la nature conserve l'organisation individuelle des plantes, et compose sans cesse leurs fruits ? Cette question ne saurait être mieux résolue qu'en faisant connaître les matières contenues dans ce liquide, commun à tous les végétaux, et auquel on a donné le nom de sève. Vauquelin et Deyenx, dont l'autorité est assurément d'un grand poids dans les sciences naturelles, sont les premiers chimistes qui aient analysé la sève avec exactitude. Suivons donc le beau travail de ces deux habiles expérimentateurs, en nous appropriant, pour un instant, les résultats de leurs recherches.

Lorsque la chaleur printanière ranime tous les êtres paralysés par le froid, et que par conséquent le calorique fluidifie de plus en plus, en vertu de son expansibilité, toutes les masses liquides, la sève est la première humeur qui se montre dans les végétaux. Elle s'élève de la racine dans la tige , et de celle-ci à toutes les extrémités des plantes. Elle est quelquefois si abondante, qu'elle se fait jour, et s'écoule à l'extérieur par des fentes ou crevasses qu'elle fait aux arbres. Si, pendant le mouvement de la sève, on coupe de jeunes branches, et si l'on en reçoit les extrémités dans une bouteille, il coule une quantité assez grande de ce liquide pour en avoir une livre en vingt-quatre heures. C'est par ce procédé qu'on recueille la sève de la vigne, recommandée dans quelques maladies. En Allemagne, on obtient la sève du bouleau en perçant le tronc de cet arbre avec une tarière, et l'on en fait une liqueur vineuse aigrelette, assez agréable à boire. C'est par le même procédé que les Américains retirent la sève de plusieurs érables pour en fabriquer du sucre semblable à celui de la canne.

La sève contient du gaz acide carbonique qui se dégage quand on chauffe ce liquide. Pendant son évaporation, elle répand une odeur de vinaigre. Son extrait donne du tanin, quelquefois un peu d'albumine, et l'on y trouve aussi la matière sucrée. Quand on brûle la sève dans un appareil fermé, elle fournit du carbonate d'ammoniaque. Son charbon est uni au muriate, au sulfate de potasse, au carbonate de potasse et de chaux. Exposée à l'air libre, elle se brunit, en laissant tomber des flocons d'une matière gélatineuse. Elle prend bientôt une odeur fétide, dépose un mucilage qui noircit à sa surface, et il en sort du gaz ammoniacal. Elle éprouve successivement les trois fermentations vineuse, acide et putride. Elle se mêle en toute proportion à l'eau. Les acides minéraux en séparent l'acide carbonique, et y forment des sels calcaires, et à base de potasse. Si ces acides sont concentrés, ils charbonnent les matériaux extractifs et mucilagineux qu'elle recèle. Les alkalis, en saturant l'excès d'acide acéteux de la sève, empêchent qu'elle fermente et qu'elle précipite aussi vite qu'elle le fait ordinairement. Les sels produisent, à peu près, les mêmes effets. Certaines espèces de sève, celle de la vigne, par exemple, et du bouleau, contiennent de l'acétate de potasse, de l'acétate de chaux, du carbonate de chaux et du sucre. Celle du hêtre et de chêne fournissent du tanin, de l'acide gallique, et un extrait de couleur marron, qui peut servir dans la teinture des laines. Si l'on distille la sève, quand elle a éprouvé la première fermentation vineuse, on en obtient de l'alcool.

D'après l'analyse qu'on vient de donner, on voit que la sève renferme une foule de composés chimiques, réduits par leur disgrégation moléculaire, à une telle ténuité, qu'ils ne rencontrent plus d'obstacle à s'introduire dans les filtres organiques des plantes, pour y recevoir les modifications et les changemens sans nombre qui les font passer à l'état de matière végétale. La sève est en effet dans les plantes ce qu'est le sang dans les animaux. Le système sécrétoire de ceux-ci sépare du liquide vital, et élabore ensuite toutes les humeurs qui contiennent les élémens réparateurs de la substance animalisée ; le mécanisme vasculo-fibreux des autres, c'est-à-dire des plantes, extrait de la sève, et répand, dans toute leur organisation, les principes constituans de la matière, que le seul pouvoir chimico-vital rend, comme nous l'avons déjà dit, insensi-blement végétative, et par laquelle la nature conserve la vie de ces êtres, et recompose leurs fruits.

L'existence du double mouvement de la sève, tantôt ascendante, tantôt descendante, confirme la justesse de cette comparaison.

Faites transversalement une entaille sur le tronc d'un arbre, l'humeur qui découle des bords de la lèvre supérieure indique le mou-vement de descension; et l'humidité qui dé-coule des bords de la lèvre inférieure est une preuve du mouvement d'ascension. Une forte ligature sur une jeune tige produit deux bourrelets, l'un au dessus de la ligature, et l'autre au dessous, ce qui n'aurait certaine-ment pas lieu sans les deux mouvemens op-posés de la sève. Duhamel, ayant greffé un jeune orme sur le milieu de la tige d'un autre plus grand, coupa, quand l'union fut bien formée, le plus petit de ces deux ormes tout près de la terre; loin de périr, il continua, pendant plusieurs années, à pousser des feuilles sur les rameaux, et même il acquit de la grosseur. Mais, comment le jeune arbre, qui ne recevait plus de nourriture par ses racines, pouvait-il végéter, à moins qu'on ne suppose qu'il était nourri par la sève descendante? La sève monte donc et descend, selon le sentiment le plus généralement adopté, par les mêmes vaisseaux. Elle est ascendante pendant la chaleur du jour, et rétrograde lorsque l'air se refroidit. Bonnet observe que si, après avoir coupé dans la belle saison une branche d'arbre, on adapte au tronçon un tube de verre qui contienne du mercure, on verra la sève élever le mercure pendant le jour, et le laisser tomber à l'approche de la nuit ; de sorte que la marche de la sève ressemble assez à celle de la liqueur d'un thermomètre, puisque l'un et l'autre dépendent également des alternatives du chaud et du froid. En Toscane, notre pays natal, nous avons mis dans tout son jour ce double mouvement de la sève, ainsi que celui de la transpiration des plantes, à l'aide d'une machine de notre invention, et à laquelle nous avons donné le nom général de *Dendromètre*. Nous aurons l'honneur de faire connaître dans un autre tems à la Société d'Agriculture du département de l'Ariége la construction, les usages et l'utilité de cet instrument (1).

De tout ce que l'on a exposé jusqu'ici, il résulte que, si la terre ne se convertit point en matière végétale pour effectuer l'accroissement et la production des plantes, comme on le croyait anciennement, elle n'est donc que le récipient chimique, pour ainsi dire, dans lequel s'opèrent toutes les combinaisons matérielles, destinées à remplir les fonctions extrêmement variées de l'économie végétale. Les principes actifs qu'elle recèle doivent par conséquent lui être transmis, en premier lieu, par la partie gazeuse et liquide de l'air; de là le besoin, du côté de l'art, des amendemens, des labours et des engrais; et la nécessité, de la part de la nature, des mé-

---

(1) Le dessin de cet instrument, joint à un mémoire très-intéressant de l'auteur sur la meilleure culture, et l'utilité des arbres à haute tige, fut présenté en 1800 à l'Institut de Gènes, qui en ordonna l'impression à ses frais.

Cette production agronomico-économique jouit toujours, en Italie, d'une estime bien méritée.

téores aqueux et des dépouilles des végétaux déjà produits, et dont le résidu n'est pas de la terre, à ce que le vulgaire pense, mais un composé précieux de tous les élémens réorganisateurs de la substance végétale. Les moteurs, par lesquels les principes végétatifs, fournis sans cesse à la terre par l'atmosphère, exercent leur action, sont, d'après ce qui a été dit plus haut, le calorique et la lumière. L'effet du premier n'a pas besoin de démonstration, puisque la végétation et la production des plantes, manifestées par le double mouvement de la sève, ne s'opèrent qu'au retour de la chaleur dans la belle saison. Quant à la seconde, c'est-à-dire à la lumière, on peut affirmer avec assurance qu'elle est si nécessaire à la végétation, que les plantes qui en sont privées se décolorent, et périssent presque toujours avant de donner des fruits.

Lorsque dans les serres la lumière ne parvient que par un seul endroit, les végétaux s'inclinent vers cette ouverture, comme pour témoigner le besoin qu'ils ont de ce fluide bienfaisant. Sans l'influence de la lumière, ils ne nous présentent qu'une seule et triste couleur ; et c'est par cette privation qu'on blanchit certaines plantes potagères. Ainsi, non-seulement les végétaux doivent leur couleur à la lumière, mais c'est aussi par son secours qu'ils acquièrent le parfum, la saveur, la maturité et le principe résineux qui les distinguent. Voilà pourquoi les aromates, les résines, les huiles volatiles, sont l'apanage des climats du Midi, où la lumière est plus pure, plus constante et plus vive. Ne soyons donc pas étonnés que les arbres se portent toujours vers l'endroit où la lumière afflue avec le plus d'abondance, et que, sur les bords des allées et des bois, les grands arbres s'inclinent en dehors, et leurs voisins, en se dirigeant dans le même sens, cherchent sans cesse à s'élever au dessus d'eux, afin de jouir des bienfaits du fluide lumineux dont ils ont tant besoin.

Le naturaliste Bonnet est le premier qui ait prouvé que la cause de cette maladie des plantes, connue sous le nom d'étiolement, était due à l'absence de la lumière. Il sema. trois pois, l'un à l'ordinaire, l'autre dans un tuyau de verre clos, et le troisième dans une boîte de sapin fermée. Les deux premiers ont poussé avec vigueur, et le troisième seul s'est étiolé. Il en fut de même des haricots. Il observa encore que ces plantes ne s'étiolaient pas dès qu'un côté de la boîte était de verre. Un bouton de vigne dans un tuyau de fer-blanc de trois pieds, et ouvert par en haut, produisit une tige d'un vert très-vif et fort étroite. Enfin, des graines semées dans différens étuis de verre, de bois, de carton, de papier, ont produit des plantes d'autant plus étiolées, que l'obscurité dans laquelle elles sé sont trouvées a été plus parfaite; et dès qu'on pratiquait de petites fenêtres dans ces étuis, les plantes prenaient une couleur plus foncée vis-à-vis ces fenêtres que dans le reste de leur étendue. Les expériences nombreuses et variées faites sur le même sujet par l'habile agronome, l'abbé Tessier, ont démontré ensuite que l'inclinaison des plantes vers la lumière est en raison composée de leur jeunesse, de la distance où elles sont de la lumière, de la manière dont leurs germes ont été poussés, de la couleur des corps devant lesquels elles croissent, et du plus ou moins de facilité que leurs tiges trouvent à sortir de terre, ou des autres matières sur lesquelles on les a semées.

L'action de la lumière sur les végétaux est donc constatée aux sens jusqu'à l'évidence, mais cette action est-elle bornée à un effet simplement mécanique, ou bien joue-t-elle un rôle important parmi les causes qui effectuent en secret la nutrition et l'accroissement de ces êtres organiques? C'est précisément ce que nous allons voir, guidés toujours dans notre marche par le flambeau de l'expérience.

Une plante enfermée pendant la nuit, avec une suffisante quantité d'air commun, méphitise cet air très-manifestement. Exposez-la au soleil, elle répare en peu d'heures tout le dégât qu'elle avait fait. Remettez-la de nouveau dans l'obscurité, elle dégrade comme auparavant le même air, qu'elle rétablit une seconde fois au soleil, dans l'état de sa pureté primitive.

Cette faculté des végétaux de méphitiser

l'air dans l'obscurité est si grande, qu'une plante est en état de corrompre, d'une manière manifeste, plus de cinquante fois son volume d'air. Une plante quelconque, bien vigoureuse, enfermée, en été, avec un volume d'air commun, dix fois plus considérable que celui de la plante même, le méphitise tellement, dans une seule nuit, qu'il devient le poison le plus actif qui existe peut-être au monde : car, tout animal à poumons qu'on y introduit, y trouve la mort dans l'espace de peu de secondes ; il y a même des plantes dont le pouvoir, à cet égard, est au dessus des autres. Les fruits, les racines, les fleurs, jouissent surtout de cette propriété délétère.

Ces faits, observés en premier lieu par le célèbre physicien hollandais Ingen-Honz, et vérifiés ensuite par Pryesley, ne laissent plus le moindre doute sur la propriété que les plantes possèdent de décomposer, à l'aide de la lumière, l'air atmosphérique, en s'appropriant, dans cette opération, quelqu'un des principes constituans de ce fluide.

On sait, avec certitude, que l'air respira-

ble est composé d'oxigène, d'azote et d'une
fraction de gaz acide carbonique; or, il est
reconnu que toutes les parties vertes des
plantes décomposent l'acide carbonique,
pourvu toutefois qu'elles soient frappées par
les rayons solaires. Elles s'emparent du carbone, absorbent une petite quantité d'oxigène et dégagent le reste sous forme de gaz.
Voilà pourquoi les feuilles améliorent, suivant les observations de Pryesley, l'air vicié
par la combustion des bougies et par la res-
piration des animaux. C'est donc avec raison
que, dans un de ses ouvrages, le célèbre
Chaptal s'exprime de la manière suivante :
« Cette rosée d'air vital qu'émane la plante
» est un bienfait de la nature, par lequel elle
» répare sans cesse les pertes de l'atmo-
» sphère. La plante absorbe la mofette ou l'a-
» zote, et transpire de l'air vital. L'homme
» et les autres animaux, au contraire, se
» nourrissent d'air pur, et forment beaucoup
» de mofette : il paraît donc que l'animal et
» le végétal travaillent l'un pour l'autre;
» et c'est par cette admirable réciprocité de
» services que l'atmosphère est constam-

» ment réparée dans ses pertes, et que l'é-
» quilibre entre ses principes constituans est
» toujours entretenu. »

Senebier remonta à la cause de ce phénomène. Ayant examiné des feuilles fraîches, à
l'ombre et au soleil, dans de l'eau légèrement
imprégnée d'acide carbonique, il trouva que
les premières ne produisaient aucun effet,
et que les secondes donnaient lieu à un dégagement de gaz oxigène, qui durait tant
qu'il restait du gaz acide dans l'eau ; d'où il
conclut que, des deux principes de l'acide
carbonique, l'un se fixait, et l'autre était rendu
à son état de liberté par l'influence solaire,
ce qui prouvait évidemment l'absorption de
ce principe combustible dans la substance
propre des feuilles. Les expériences cependant les plus belles, et en même tems les
plus instructives sur ce point très-intéressant
de la physiologie végétale, sont celles qui
ont été publiées par M. Théodore de Saussure, dans son ouvrage intitulé *Recherches
sur la végétation*, page 40. Nous croyons
devoir en donner ici le détail, pour mieux
démontrer l'action des principes chimiques

qui constituent la matière organique des plantes.

« J'ai composé, dit M. de Saussure, une atmosphère artificielle qui occupait 290 centimètres cubes, avec du gaz carbonique et le l'air commun, où l'eudiomètre à phosphore idiquait $\frac{21}{100}$ de gaz oxigène : l'eau de chaux y dénonçait 7 $\frac{1}{2}$ centimètres de gaz acide carbonique. Le mélange aériforme était renfermé dans un récipient, fermé par du mercure humecté ou recouvert d'une très-mince couche d'eau, pour empêcher le contact de ce métal avec l'air qui environnait les plantes : car j'ai bien constaté que ce contact, ainsi que l'ont annoncé les chimistes hollandais, est nuisible à la végétation dans des expériences prolongées. J'ai introduit sous ce récipient sept plantes de pervenche, hautes chacune de 2 décimètres ; elles déplaçaient en tout 10 centimètres cubes ; leurs racines plongeaient dans un vase séparé qui contenait 15 centimètres cubes d'eau ; la quantité de ce liquide sous le récipient était insuffisante pour absorber une quantité sensible de gaz acide, surtout à la température du lieu, qui n'était jamais moindre que 17 degrés de Réaumur. Cet appareil a été exposé pendant six jours de suite, depuis cinq heures du matin jusqu'à onze heures, aux rayons du soleil, affaiblis toutefois, lorsqu'ils avaient trop d'intensité. Le septième jour, j'ai retiré les plantes qui n'avaient pas subi la moindre altération. Leur atmosphère, toute correction faite, n'avait point changé de volume, du moins autant qu'on pouvait en juger.

» L'eau de chaux n'a plus démontré de gaz acide carbonique ; l'eudiomètre y a indiqué 24 $\frac{1}{2}$ centième de gaz oxigène.

» J'ai établi un appareil semblable, avec de l'air atmosphérique pur et le même nombre de plantes, à la même exposition ; celui-ci n'a changé ni en pureté ni en volume.

» Il résulte des observations eudiométriques énoncées ci-dessus, que le mélange d'air commun et de gaz acide carbonique contenait, avant l'expérience,

4199 centimètres cubes de gaz azote.

1116. . . . . de gaz oxigène.

431. . . . . de gaz acide carbonique.

5746.

» Le même air contenait, après l'expérience,

4338 centimètres cubes de gaz azote.
1408. . . . . de gaz oxigène.
0. . . . . de gaz acide carbonique.
____
5746.

» Les pervenches ont donc élaboré ou fait disparaître 431 centimètres cubes de gaz acide carbonique ; si elles en eussent éliminé tout le gaz oxigène, elles en auraient pro-duit un volume égal à celui du gaz acide qui a disparu ; mais elles n'ont dégagé que 292 centimètres cubes de gaz oxigène : elles se sont donc assimilé 139 centimètres cubes de gaz oxigène dans la décomposition du gaz acide, et elles ont produit 139 centimètres cubes de gaz azote.

» Une expérience comparative (continue toujours M. de Saussure) m'a prouvé que les sept plantes de pervenches que j'avais employées pesaient sèches, avant la dé-composition du gaz acide, 2,707 grammes. et qu'elles fournissaient par la carbonisation au feu, en vase clos, 523 milligrammes de charbon. Les plantes qui avaient décomposé le gaz acide ont été séchées et carbonisées par le même procédé, et elles ont fourni 649 milligrammes de charbon. La décomposition du gaz acide a donc fait obtenir 120 milligrammes de charbon. J'ai fait également carboniser les pervenches qui avaient végété dans l'air atmosphérique dépouillées de gaz acide, et j'ai trouvé que la proportion de leur carbone avait plutôt diminué qu'augmenté pendant le séjour sous le récipient. Il est donc évident que les plantes décomposent le gaz acide carbonique existant dans l'air, et qu'elles s'approprient le carbone et le gaz oxigène.

Quatre grains de fèves, du poids de 6368 grammes, furent placés par le même auteur entre des cailloux de silex, contenus dans des capsules de verre, et furent arrosés avec de l'eau distillée. Au bout de trois mois de végétation en rase campagne, au soleil, les plantes qui en provinrent pesaient, vertes, immédiatement après leur floraison, 87,149 grammes : desséchées, elles se réduisirent à 10,721 grammes, ce qui prouve qu'elles avaient presque doublé la quantité de leur matière végétale ; calcinées ensuite en vase clos, elles donnèrent 2,703 grammes de charbon. Or, de quatre grains de fèves, de même poids que celles qui avaient été mises en expérience, on ne retira que 1,209 grammes de ce corps combustible : donc les fèves, en végétant à l'air libre, s'étaient appropriées plus de carbone qu'elles n'en contenaient d'abord, et l'avaient puisé sans doute dans le gaz acide carbonique de l'air. Il ne faut pas croire toutefois, d'après ce que nous venons de dire, que les plantes soient susceptibles de végéter au soleil dans une atmosphère d'acide carbonique pur. L'expérience prouve qu'elles y périraient au contraire très-promptement.

» Pour que la végétation ait lieu dans ce gaz, il est nécessaire qu'il contienne une certaine quantité d'oxigène ou d'air. Par exemple, des jeunes plantes de pois (pisum sativum) se sont flétries sur-le-champ, non-seulement dans de l'acide carbonique pur, mais encore dans un mélange de deux parties d'acide et d'une partie d'air. Elles n'ont existé que sept jours dans parties égales d'air et d'acide. Elles ont vécu plus long-tems dans le cas où la quantité d'acide ne formait que la cinquième partie de l'air. Leur accroissement a été presque le même que dans l'air, lorsque l'acide n'entrait que pour un huitième dans le mélange, et il a été plus grand que dans l'air, dans le rapport de 11 à 8, lorsque le mélange ne contenait qu'un douzième d'acide.

» Le gaz azote, autre composant de l'air atmosphérique, n'est jamais absorbé par les plantes, soit pur, soit mêlé à l'oxigène ou au gaz carbonique. Celui qui fait partie de leurs principes ne peut donc provenir que des engrais ou de l'eau qui en tient toujours une certaine quantité en dissolution.

» Quant au gaz oxigène, nous venons de voir que les plantes périssent dans le gaz carbonique pur; que pour qu'elles puissent y vivre, il faut qu'elles soient exposées au soleil et que ce gaz contienne une certaine quantité d'oxigène. Lorsqu'on place, pendant une seule nuit, des feuilles saines, cueillies pendant un jour serein d'été, sous un récipient plein d'air atmosphérique, celles qui sont minces absorbent une certaine quantité de gaz oxigène, et en convertissent un autre en gaz carbonique : celles qui sont charnues, absorbent aussi de l'oxigène, mais sans produire du gaz acide. Ni les unes ni les autres n'absorbent d'azote ; et dans tous les cas, si on les expose au soleil pendant quelques heures, le gaz acide carbonique qui aura pu se former sera décomposé, et tout le gaz oxigène qui aura disparu reparaîtra sensiblement. Cette alternative d'effets a reçu le nom, en botanique, d'inspiration et d'expiration ; d'autant plus que l'on ne peut pas révoquer en doute l'existence des organes respiratoires dans les plantes. Ces organes se présentent sous la forme d'une lame argentine, roulée en vis de tire-bouchon. Pour en avoir une très-juste idée, figurons-nous un ruban roulé sur un bâton bien rond ; si on tire avec soin le bâton, le ruban en conservera la forme, et restera creux en dedans comme un véritable tuyau, et si on tire ce ruban par un des bouts, il se déroulera et prendra, en s'allongeant, la forme d'un tire-bouchon. Enfin si, après avoir allongé cette lame, on l'abandonne à elle-même, elle reprendra bientôt sa situation première. La plupart des botanistes pensent que ces trachées ne contiennent que de l'air, et qu'elles servent de poumons aux plantes. Il paraît donc qu'une partie de l'air qui est contenu dans les végétaux, s'y introduit par les pores, conjointement avec l'humidité des rosées et les vapeurs de l'atmosphère qu'ils inspirent.

» On doit cependant remarquer que la propriété d'inspirer et d'expirer le gaz oxigène n'appartient absolument qu'aux parties vertes, de même que celle de décomposer le gaz carbonique. Malgré cela, le contact du gaz oxigène avec les racines a la plus grande influence sur la végétation. »

M. de Saussure, ayant arraché des jeunes marronniers pourvus de leurs feuilles, les disposa dans une cloche trouée à son sommet, de telle sorte, que la tige plongeait dans l'atmosphère, presque toute la racine dans du gaz azote, ou du gaz hydrogène, ou du gaz carbonique, ou de l'air, et son extrémité seulement dans l'eau. Tous les marronniers pesaient, environ chacun, 23 grammes, et avaient des tiges et des racines, dont la longueur, prise séparément, pouvait être de 25 décimètres. Ceux dont les racines étaient entourées de gaz carbonique sont morts le septième ou le huitième jour : l'action du gaz azote et du gaz hydrogène a été moins nuisible, elle n'a produit la mort qu'au bout de quatorze jours. Quant à ceux dont les racines plongeaient dans l'air, ils étaient encore vigoureux au bout de trois semaines, tems auquel on a mis fin à l'expérience.

Ces observations importantes nous font connaître la cause des avantages qu'on trouve à remuer le sol qui doit servir à la végétation, et nous mettent à même de bien expliquer en même tems, 1° pourquoi les racines ont d'autant plus de force qu'elles sont plus près de la terre ; 2° par quelle raison les racines pivotantes qui n'ont que peu de chevelu croissent mieux, toutes choses égales d'ailleurs, dans une terre sèche que dans une terre humide, et mieux encore dans une terre légère que dans une terre compacte ; 3° comment il se fait que les racines des arbres se divisent singulièrement lorsqu'elles pénètrent dans du fumier, dans de la vase, ou des conduits d'eau. N'est-ce pas pour rechercher l'oxigène qui s'y trouve? Il suit de tout cela, que ce principe aérien est aussi nécessaire aux plantes qu'il l'est aux animaux, et que par conséquent tous les végétaux ne peuvent se développer, vivre et produire qu'à l'aide de ce gaz bienfaisant.

Maintenant que nous connaissons quels sont les élémens constitutifs de l'air qui concourent à former, par assimilation, la substance végétale, il est tout simple de se demander s'il en est de même à l'égard des composans de l'eau qui sont, comme on le sait, l'oxigène et l'air inflammable, ou l'hydrogène. Nous n'avons rien à ajouter à ce que nous avons dit concernant le premier; quant au second, il a été prouvé par M. de Saussure, souvent cité, que si l'on fait végéter des plantes à l'aide de l'eau dans l'air atmosphérique, privé d'acide carbonique, elles n'altèrent leur atmosphère ni en pureté, ni en volume, mais elles contiennent plus de matière végétale qu'auparavant, ce qui ne peut être attribué qu'aux principes constitutifs de l'eau, lesquels, en se fixant sur la substance propre des plantes, en ont augmenté la quantité ; or, si l'oxigène, l'hydrogène et le carbone sont les principes matériels que les végétaux s'approprient en parcourant leur carrière vitale, on doit nécessairement conclure qu'ils doivent résulter de ces mêmes substances ; et c'est, en effet, ce que l'analyse chimique constate rigoureusement, en opérant surtout d'après la nouvelle méthode d'analyser les substances animales et végétales, imaginées par MM. Gaylussac et Thénard, avec la supériorité des talens qui les distinguent. Cette méthode a l'avantage de fournir le moyen de déterminer, avec la plus grande exactitude, les proportions diverses des élémens de composition d'une substance animale et végétale quelconque, en la brûlant par le muriate sur-oxigéné de potasse dans un appareil clos, d'une invention très-ingénieuse, et auquel est fixé à la partie latérale un tube de verre qui sert à recueillir, sous le mercure, les produits gazeux résultans de l'opération, pour ensuite déterminer, par un examen ultérieur, la quantité d'oxigène qui a servi à la combustion, celle d'acide carbonique et d'eau qui s'est formée, les fluides gazeux qui se sont produits et les matières fixes que peut renfermer le résidu de l'incinération, de manière à pouvoir conclure de toutes ces valeurs, eu égard à la quantité d'oxigène que le muriate sur-oxigéné employé a dû fournir, la proportion de carbone, d'oxigène et d'hydrogène que la matière analysée contenait.

Nous dirons donc en nous résumant :

1° Que l'oxigène est l'air uniquement propre à la vie des plantes.

2° Que ces êtres organiques décomposent, à l'aide du calorique, de la lumière et de l'action vitale, l'air et l'eau pour y puiser les principes constitutifs de leur substance, qui sont l'oxigène, l'hydrogène et le carbone.

3° Que ces mêmes principes leur sont fournis aussi, conjointement aux autres composés chimiques, dont le réservoir commun est la sève, par les dépouilles végétales livrées au sol, et par les engrais.

4° Que pour réparer les pertes de la matière végétative du terrain, occasionées par la production, la nature emploie les premières, et l'art a recours aux seconds.

5° Enfin, que c'est par le moyen de ces derniers que le bon agriculteur doit rendre à la terre la fertilité dont elle peut être susceptible, en pratiquant, chaque année, les procédés suivans.

Partie pratique.

La connaissance préliminaire des principes matériels qui forment la substance des végétaux était indispensable, comme on le voit, pour avoir l'entière conviction de la nécessité de rendre à la terre ces mêmes principes, absorbés sans cesse dans la production. Nous savons maintenant d'une manière certaine que, conjointement à l'air et à l'eau, les dépouilles des plantes et les engrais remplissent ce but essentiel dans l'économie végétale. On en conclut donc que plus les engrais contiennent des parties assimilables à la substance propre des plantes, mieux le terrain nourrit les végétaux qu'il porte, et conséquemment le produit en est plus abondant.

Les engrais ne contribuent pas seulement à la végétation par le gaz acide carbonique qu'ils laissent dégager et qui provient, soit de la réaction de leurs élémens, soit de la combustion lente de leur carbone par l'oxigène de l'air; ils contribuent encore en fournissant aux plantes des sucs qu'elles peuvent s'assimiler; car tout le monde sait que les récoltes appauvrissent plus ou moins le sol, en raison de leur nature. M. de Saussure va nous servir encore de guide dans ce que nous allons dire à cet égard. Ce grand physicien observe, 1° qu'ayant laissé séjourner de l'eau pluviale pendant plusieurs jours sur le sol bien fumé d'un jardin, il en est résulté une infusion qui ne contenait que la millième partie de son poids d'extrait; 2° que d'après des expériences qu'il a faites, un végétal qui absorberait l'eau de cette infusion ne prendrait que le quart de son extrait solide; d'où il conclut que, dans le cas où ce végétal ne recevrait pas d'autre nourriture, il n'augmenterait son poids que d'un quart de livre dans l'état sec, en absorbant mille livres d'infusion. Or, une plante annuelle, telle qu'un tournesol qui croissait dans ce jardin, pouvait acquérir dans l'espace de quatre mois, à dater de sa germination, un poids de quatre kilogrammes dans l'état vert, et d'un dem-kilogramme dans l'état sec; et Hales nous apprend que la quantité d'eau aspirée et transpirée par un tournesol pendant vingt-quatre heures, est égale à la moitié du poids de ce tournesol non desséché : si donc on le pèse dans les différentes époques de sa végétation, il sera possible de connaître l'absorption et la transpiration totales. C'est ce que M. de Saussure a fait, et il a trouvé que ce végétal avait dû absorber et transpirer cent kilógrammes d'infusion, ce qui représente cent grammes d'extrait sec. Que l'on ajoute actuellement la quantité de matière que le gaz carbonique contenu dans l'infusion aura pu céder au tournesol, quantité que M. de Saussure évalue, d'après ses propres recherches, à 1,85 grammes, et l'on sera conduit à ce résultat, savoir : que le terreau n'aura fourni que 26,85 grammes de matière nutritive, c'est-à-dire environ la vingtième partie de ce que le tournesol s'en est assimilé. Il est donc évident que la matière nutritive des plantes provient de l'eau, du gaz carbonique de l'air, et des engrais.

Les premiers principes de culture qu'ont établis les anciens agronomes consistaient à diviser la terre par des labours, à la fumer pour la rendre fertile, et à lui donner du repos, c'est-à-dire la laisser en jachère après avoir recueilli ses productions. Ils ne connaissaient point assez le mécanisme de la végétation pour établir sur ces préceptes des règles certaines de culture, comme l'ont fait les modernes. Les agriculteurs qui joignaient à cet art quelques connaissances physiques croyaient que les racines des plantes étaient les seuls organes destinés à pomper le suc qu'ils transmettaient aux végétaux, et que les molécules de la terre, extrêmement atténuées et mêlées avec certains sels, étaient le seul aliment analogue à chaque espèce de plante. Avec de telles idées, est-il étonnant que leur manière de cultiver n'eût qu'un rapport immédiat avec les racines ? Les labours furent donc établis chez eux, afin de bien atténuer la terre pour la rendre propre à être introduite dans les canaux des racines, ce qu'ils étaient persuadés d'obtenir en faisant usage, après les labours, des herses, des rouleaux et des râteaux. Malgré toutes ces opérations, la terre s'épuisait quand elle avait donné plusieurs récoltes consécutives ; et pour prévenir cet épuisément, il fallut avoir recours aux engrais et aux jachères, ou tems de repos. Ainsi, la méthode de bonifier les terres par le moyen des engrais est presque aussi ancienne que l'art de cultiver. Tous les auteurs agronomes la prescrivent comme étant très-propre à augmenter la fertilité de la terre, et capable d'empêcher son dépérissement.

L'histoire de la Chine nous apprend que Y-u, le premier empereur de Y-au, fit un ouvrage sur l'agriculture, dans lequel il parlait de l'utilité des excrémens des différens animaux pour fertiliser le sol. La pratique d'employer ces matières pour améliorer le terrain et prévenir la perte du terreau, si nécessaire à la végétation, s'est établie successivement. Dès qu'on s'est aperçu qu'un champ, après plusieurs récoltes, cessait d'en produire de si abondantes, on a eu recours aux engrais pour lui rendre la première fertilité. Pline assure que l'usage de fumer les terres est très-ancien. Selon Homère, le vieux Laërte fumait son champ lui-même, et Augias, roi d'Elide, rendait par ce moyen fertiles les campagnes de la Grèce. Hercule, après l'avoir détrôné, apporta cette découverte en Italie, où l'on fit un dieu du roi Stercutius, fils de Faunus. Cependant l'observation constante que les plantes languissaient dans un terrain presque stérile après plusieurs productions, malgré la fréquence des labours et des engrais, fit penser à quelques agriculteurs que la cause de ce phénomène devait être attribuée à ce que la terre vieillissait, et qu'au bout d'un certain tems elle reprenait sa première fertilité. Suivant cette opinion, la terre, susceptible d'épuisement par les productions successives, se lassait de fournir des sucs aux végétaux. L'épuisement et la lassitude furent donc considérés comme la suite et l'effet d'une culture trop continuée. Pour obvier à ces inconvéniens, et éloigner le terme de la vieillesse de la terre, il fallut établir des jachères, ou tems de repos absolu. Pendant cet intervalle, plus ou moins long, relativement à la qualité des terres, elles n'étaient ni labourées, ni ensemencées. Toute culture cessait, afin de ne point les forcer à donner leur production. Virgile a fait des jachères un principe important d'agriculture ; et, quoiqu'il conseille les fréquens labours pour diviser et atténuer la terre, il exige cependant qu'après avoir été moissonnée, elle soit pendant une année entière sans être cultivée.

Si l'on ne veut pas perdre la récolte d'une année, le seul parti à prendre, selon lui, consiste à l'ensemencer de lupins, de féves, de vesces, ou autres légumes, après la récolte desquels il n'y a point d'inconvénient d'ensemencer une terre en froment, parce que ces sortes de légumes, loin de l'amaigrir, la bonifient. Mais il n'y a point de terrain plus couvert de végétaux et qui nourrisse un plus grand nombre de plantes que celui des bois et des prés, sans avoir besoin d'être mis en jachère.

A l'aspect de tant de productions, comment les agriculteurs n'ont-ils pas conçu l'erreur ridicule de leur opinion sur les jachères, et n'ont-ils pas reconnu que la terre n'est productive qu'autant qu'elle nourrit continuellement beaucoup de plantes dont les débris forment le terreau nécessaire à sa fertilité? En effet, dans plusieurs pays on a d'abondantes récoltes toutes les années, sans que les agriculteurs accordent à la terre un tems de repos. En Chine, où le terrain n'est pas meilleur que le nôtre, les champs ne sont jamais en jachère. Il en est de même dans une grande partie de l'Angleterre, du royaume des Pays-Bas, dans la Normandie, le Tirol, l'ancienne Lombardie, le Piémont et la Toscane. Columelle n'adopte point le système des jachères : selon son sentiment, une terre bien fumée n'est jamais exposée à s'épuiser, ni à vieillir. Aucun des agronomes anciens n'a aussi bien connu, que lui, les moyens propres à prévenir le dépérissement des terres. Nous partageons entièrement son avis, et c'est pour cette raison que, dans nos travaux agraires, toutes nos vues ont été dirigées vers le grand objet de fournir au terrain les meilleurs engrais.

M. Fabroni de Florence, aussi bon agronome qu'habile chimiste, fait observer que la nature, pour perpétuer les végétaux, avait sagement établi que les débris des individus qui se pourrissaient, fourniraient les sucs nécessaires au développement des graines de chaque espèce qui leur succède. La preuve en est évidente dans les forêts. Les végétaux y croissent avec beaucoup de facilité, parce que la terre végétale n'est formée que des plantes décomposées par la putréfaction. L'agriculture moderne, au contraire, arrache celles qui fourniraient de la terre végétale. Par ce moyen, les plantes que nous cultivons de préférence sont privées d'un secours si utile à leur végétation. Les principes de culture les plus suivis sont, d'après M. Fabroni, des préjugés dont il faut se défaire si l'on veut rendre à la terre sa fertilité primitive; mais en changeant de méthode, il faut prendre la nature pour modèle, et diriger nos soins à former beaucoup de terreau; c'est le seul moyen d'avoir des droits

à l'abondance des productions de nos campagnes, épuisées déjà par notre culture excessive. Le secret de la nature pour former
la terre végétale, consiste dans la multiplication et la reproduction continuelle des végétaux, et non pas dans les labours, les jachères, etc. En faisant donc produire à nos
terres le plus grand nombre possible de
végétaux, nous pourrons nous flatter d'avoir
trouvé le véritable moyen d'abolir le repos,
d'épargner beaucoup de labours, et même de
nous passer des engrais. M. Fabroni observe
que la nature, en produisant les végétaux,
mêle toujours dans un même sol les espèces
de différente grandeur ; de cette manière,
les sucs qui se dégagent de la terre pour
nourrir les plantes, ne sont point perdus à
mesure qu'ils s'élèvent à différentes hauteurs.
D'après cela, notre auteur conclut que le blé
ne doit point être seul en possession de nos
campagnes, quoiqu'il soit une des plus ri-
ches productions que nous puissions cultiver.
Il est persuadé qu'en ne semant et ne mois-
sonnant que du blé, nous agissons contre
nos vrais intérêts, en même tems que nous.

nous éloignons des véritables principes de l'agriculture. La vigne, dit-il, le mûrier, tous les arbres fruitiers et même les légumes, doivent partager avec les céréales le droit de végéter dans nos terrains. C'est alors qu'il nous sera inutile de rechercher s'il y a une juste proportion entre les prés, les champs et les vignes; nos terres doivent être à la fois vignes, champs et prés. Cette culture a le plus grand succès en Italie et dans le Tirol, où l'on voit de vastes campagnes, dans lesquelles les arbres de toute espèce, la vigne, toute sorte de grains, les légumes, les herbes des prés, etc., végètent en même tems. La prodigieuse fertilité du terroir de Ioucape, citée par Pline, donne la preuve la plus convaincante de l'utilité de la méthode que M. Fabroni voudrait introduire. Ce terroir, dont l'étendue n'avait qu'une lieue de diamètre, était situé dans des sables, entre les Syrtes et la ville de Neptos. Les habitans étaient parvenus, par leur industrie, à changer la nature de ce terrain sablonneux, et l'avaient rendu très-fertile. Ils avaient d'abord mêlé les herbes aux arbres, et ils les avaient distribués suivant l'ordre de leur hauteur. Le palmier, le plus grand de tous les végétaux, était en premier lieu; le figuier était planté sous son ombrage : l'olivier venait ensuite ; après celui-ci le grenadier, et enfin la vigne ; au pied de la vigne on moissonnait le blé ; à côté du blé on y cultivait les légumes, et après les légumes les herbes potagères. Suivant notre auteur, qui rapporte fidèlement le récit de Pline, toutes ces productions multipliées donnaient une richesse dont on ne peut pas se former une idée quand on ne connaît que les procédés de notre agriculture. En parlant de la fertilité de Ioucape, Pline ne fait aucune mention des labours, des fumiers, ni des jachères; si ce peuple heureux, vivant dans l'abondance, eût fait usage de ces moyens, l'auteur latin était trop exact pour ne pas les laisser ignorer.

Telles sont les belles idées, en agriculture, de l'illustre agronome toscan, que nous venons de citer. Elles sont dignes de remarque, il faut l'avouer, et portent l'empreinte de la vérité et de l'esprit le plus éclairé. Mais sont-elles praticables, demandera-t-on, dans l'état actuel de la science agraire? on en voit le peu de possibilité, pour peu qu'on les soumette à un mûr examen. Cependant, ce qui ne saurait être exécuté dans le présent, peut bien devenir l'ouvrage du perfectionnement de l'art par le tems. Le vrai savant doit toujours éclairer ses contemporains, et jeter les premiers germes des grandes découvertes; c'est ensuite à la postérité à savoir profiter avec constance des avantages immenses qui peuvent en résulter. Aussi notre auteur conseille-t-il les engrais comme absolument nécessaires pour remplacer le terreau que nous ne pouvons point nous procurer par les végétaux, tant que nous serons attachés à notre méthode de cultiver.

Puisque donc les plantes de toute espèce ne croissent pas dans les terres pures et isolées, si ce n'est dans la silice pulvérulente, et au moyen de l'eau, de la lumière, de la chaleur, tandis que leur végétation est très-vigoureuse, rapide et productive dans le *détritus* de mêmes végétaux, appelé pour cela terre végétale, ou terreau, ainsi que, et même avec plus de succès, dans le terrain,

préalablement fertilisé à l'aide des engrais,
on est forcé de convenir que le terreau et
les engrais donnent un égal résultat par rapport à la végétation , en vertu de l'identité
de leurs principes constituans. Le terreau,
d'après l'analyse exacte de **M.** de Saussure
par la distillation , est composé de

(Centimètres cubes.)
Gaz hydrogène carboné. . . . . 2456.
Acide carbonique. . . . . 673.
Eau contenant de l'acétate.
Acide d'ammoniaque. . . . . 2 gramm' 81.
Huile empyreumatique. . . . . o   53.
Charbon 2   706.
Cendres. o   424.

Or, ces mêmes principes et plusieurs autres encore , tous analogues à la constitution
des végétaux, se trouvent dans les fumiers
ordinaires ou engrais. Nous avons démontré
plus haut que les élémens primordiaux de
la substance végétale sont l'oxigène, l'hydrogène , le carbone , et quelquefois l'azote:
mais l'analyse fait connaître que les plantes
contiennent aussi du soufre , du phosphore,
de la chaux, de la silice, de la soude et de
la potasse. Ces matériaux, excepté la silice

et la chaux, n'existent point dans les terres proprement dites, et on ne les rencontre que dans les substances composées qui forment les engrais. Les débris des végétaux qu'elles renferment fournissent le carbone et la potasse. La fermentation des matières animales qui s'y trouvent donne l'azote, le soufre, le phosphore et l'hydrogène ; l'oxigène, ou air vital, mis à nu, est entraîné, par l'action du calorique, dans les filtres organiques des végétaux, et absorbé. La plante assimile alors à sa propre substance tous ces principes, et en parcourant avec une nouvelle force végétative sa carrière vitale, s'élève vigoureusement dans l'atmosphère, grossit, prospère à vue d'œil et produit.

Il suit de tout ce que nous avons exposé jusqu'ici, que l'objet le plus important de l'agriculture, c'est de fournir à la terre des engrais propres à transmettre aux plantes les principes nourriciers nécessaires à leur constitution. Voilà le point essentiel d'où dépend l'abondance de toute récolte, et voilà aussi le point sur lequel nos agriculteurs ne fixent pas toute leur attention. En effet, la manière de garder les fumiers, ou engrais, destinés à fertiliser le terrain, ne saurait être plus défectueuse, et conséquemment plus contraire au but qu'on se propose.

On élève près des maisons rustiques des grands tas de fumiers, qui, avant d'être employés, se réduisent insensiblement en une masse de matière de nulle valeur pour la végétation, à cause de la perte continuelle qu'elle a faite de ses élémens substantiels, vaporisés par la chaleur que la fermentation y développe sans cesse. En effet, on sait que toute matière végétale, amoncelée, fermente et s'échauffe de manière à passer même quelquefois à la combustion. Le foin, qui s'enflamme spontanément dans les granges, en est la preuve la plus convaincante. Or, il est aisé de concevoir que la chaleur excessive qui s'excite dans tous les amas de matière fermentascible, et par conséquent dans ceux de fumier, dissipe les principes nourriciers gazeux ; tandis que les substances huileuses et graisseuses, plus fortement attaquées par les agens salins, disparaissent en-

tièrement; dès ce moment, le blanc se manifeste sur le fumier et lui fait prendre l'aspect
d'une matière brûlée, pour ainsi dire, ou *caput mortuum*, incapable d'exercer la moindre action chimique. Pour s'en convaincre,
on n'a qu'à prendre une quantité de ce fumier et à l'éprouver dans un champ, comparativement à une égale quantité de celui
qui ne soit pas séché et privé de son jus fertilisant; on verra alors, de la manière la
plus positive, lequel de ces deux fumiers
mérite vraiment le nom d'engrais.

Cela posé, peut-on s'imaginer que les
agriculteurs, constamment avertis par le
fait, que c'est à l'aide des engrais qu'ils peuvent ramener la terre à sa fertilité, et obtenir d'abondantes récoltes, continuent cependant de ne prendre aucun soin de ce
qui doit précisément les intéresser le plus,
comme étant la principale source des richesses agraires de leurs propriétés? Ainsi,
c'est dans l'unique vue de détruire le mal
produit par cette pernicieuse inadvertence,
que nous avons obéi à la voie impérieuse du
devoir, en leur proposant une nouvelle mé

thode de préparer les engrais de manière à ce qu'ils en retirent les plus grands avantages.

« *O fortunatos nimium sua si bona norint !* »

Nous nous permettons de leur déclarer, en même tems, que nous parlons d'après l'expérience, et que nous répondons du succès.

~~~~~~~~~

CITERNES D'ENGRAIS.

Avant-propos.

La chaux vive, éteinte à l'air, et la cendre de nos foyers, l'une et l'autre délayées dans l'eau, étant les deux ingrédiens dont nous nous servons pour composer ce que nous appelons, comme on le verra par la suite, la lessive d'engrais, il est de toute nécessité de dire un mot auparavant sur l'efficacité de ces deux substances pour fertiliser un terrain qui, sans leur secours, serait impropre
~~~~~~~~~

à la végétation d'une plante quelconque. On a donc reconnu, d'après un grand nombre d'expériences, que ces deux engrais faisaient des merveilles, étant mêlés, dans le tems convenable, avec la terre labourée. Ce fait, quoique certain, n'est pas cependant d'une application générale. Tout sol graveleux, sablonneux, ou pierreux, est avantageusement amendé par la chaux, en ce que cette substance, réduite en poussière et confondue avec les particules terreuses, sans adhésion entre elles, leur en donne, et les réunit en corps plus ou moins considérable, après que la pluie l'a pénétrée. Il résulte par conséquent de ce mélange que ce terrain est susceptible de retenir une plus grande quantité d'eau qu'auparavant, et cette eau contribue nécessairement à une meilleure végétation ; mais dans les lieux où la terre est assez compacte, et bien plus encore dans les provinces méridionales, où la chaleur est long-tems soutenue et rarement modérée par les pluies, l'amendement par la chaux est très-nuisible. Dans le premier cas, cette substance, en donnant plus de lien à la terre, empêche l'infiltration de l'eau, premier véhicule de tous les principes alimentaires des végétaux ; tandis que, dans le second, ne pouvant pas se décomposer, elle devient un vrai caustique sur les racines des plantes, et les détruit. Si, au contraire, le pays est régulièrement sujet aux pluies, le sel de la chaux est alors un excellent engrais pour les plantes qui le trouvent en dissolution dans l'eau pompée par les racines. Pour ce qui regarde les cendres, quoiqu'elles soient réellement un engrais qui réunit tous les avantages qu'on puisse désirer, il faut cependant savoir les approprier, comme la chaux, à la nature du sol. Ainsi, l'on prescrit, pour les terres légères et chaudes, de les mêler avec une certaine portion d'argile ; pour les terres fortes, avec de la craie ; pour les sablonneuses, avec de l'argile pourrie, et pour les argileuses, avec du gravier et de la craie. La méthode de s'en servir avec avantage est celle de les répandre sur le sol au moment même qu'on l'ensemence, ou bien, d'en recouvrir la semaille. Le succès des deux engrais salins dont il s'agit, dépend, comme on le voit, des localités et des circonstances. Dans notre cas, leur usage n'est pas assujetti à une pareille restriction, puisqu'en les employant suivant la manière que nous allons indiquer, ils agissent seulement comme principe chimique, qui, en se combinant avec les matières huileuses et graisseuses du fumier, forme un liquide savonneux, peu différent de celui qui circule dans les plantes, et qu'on connaît généralement sous le nom de *sève*.

En Bretagne, les laboureurs, après avoir ramassé dans les environs toutes les cendres lessivées, allaient aussi les chercher jusqu'à Dijon. Cet emploi de cendres comme engrais, s'étendit en peu de tems, de manière que les nitrières artificielles de la Bourgogne commencèrent à manquer de la matière indispensable à la fabrication du salpêtre. Pour faire cesser la concurrence entre les laboureurs et les salpétriers, relativement à l'approvisionnement de cet article, M. Guyton de Morveau, de l'académie de Dijon, fit voir, dans une très-belle instruction adressée aux premiers, que la chimie dé=

montrait d'une manière incontestable, 1º que
la cendre lessivée n'est autre chose que de
la chaux éteinte à l'air, et qu'à la couleur
près, produite par une petite quantité de
poussière de charbon, qui ne s'y trouve que
par accident et sans utilité, ces deux substances sont absolument les mêmes, composées de mêmes principes, pourvues de
mêmes propriétés, devant produire nécessairement le même effet; 2º que la chaux
éteinte à l'air fertilise de la même manière,
et dans la même proportion que la cendre
lessivée ; 3º enfin, que l'on peut employer
l'une à défaut de l'autre avec un égal succès.
Cette assertion, basée sur la certitude des
résultats de l'analyse chimique, fut bientôt confirmée par l'expérience. Dans une
grande partie de la Franche-Comté les cultivateurs avaient adopté la pratique de porter les cendres lessivées sur leurs terres, et
ils s'en trouvaient parfaitement bien. Au-
jourd'hui ils n'y portent que de la chaux
éteinte à l'air, et ils s'en trouvent encore
mieux.

Nous avons cru devoir entrer dans ces

détails pour faire connaître, avant tout, la raison qui nous a déterminé à nous servir, pour la composition de notre lessive d'engrais, de l'une et de l'autre substance également. Cette raison est fondée sur la plus grande facilité de trouver, en plusieurs endroits, la chaux à la place des cendres, ainsi que sur son économie à l'égard du prix ; car, nous répéterons à cette occasion, et avec la même assurance, ce que nous avons eu l'honneur d'avancer dans notre dernier ouvrage sur la panification des pommes de terre, présenté à S. Exc. le ministre secrétaire d'état au département de l'intérieur, savoir : qu'une méthode manufacturière quelconque tombe bientôt dans l'oubli, malgré toutes les apparences séduisantes des avantages qu'elle promettait, quand ceux-ci ne résultent point des vrais élémens qui en constituent la réalité. Ces élémens sont : la facilité de l'exécution ; la briéveté du tems ; la modicité de la dépense ; la certitude du succès. Un de ces élémens, qui manque, décèle d'abord l'imperfection du procédé dont il s'agissait. On finit par l'abandonner. En

peu de tems il n'en est pas plus question que
si on ne l'eût jamais proposée. Le génie in-
vente ; le talent perfectionne ; mais l'expérience seule est la véritable pierre de touche
de l'utilité des inventions.

*Construction des citernes proposées pour
garder utilement le fumier, et composition de la liqueur à laquelle on a donné
le nom de lessive d'engrais.*

Dans chaque métairie, à l'endroit que l'on
croira le plus convenable et à la proximité
de la maison rurale, on érigera quatre mu-
railles solides, et dont les faces placées à
angle droit, borneront l'étendue d'un carré
assez spacieux, pour contenir toute la quantité de fumier qu'on emploie, chaque année, comme engrais. A l'une des faces de
ce carré, on ménagera une ouverture suffisante pour laisser passer commodément
deux charrettes de front. La capacité de
cette citerne, une fois remplie de fumier,
restera fermée à l'aide d'une porte, ou écluse
en bois, rendue mobile par des gonds fixés à

l'extrémité de l'une et l'autre partie de la muraille qui en forment l'entrée.

A une certaine distance de cette petite bâtisse on construira un puits, haut de huit pieds, et large de trois en carré. C'est dans ce puits qu'on doit faire la lessive d'engrais de la manière qui suit. On remplira ce réservoir d'eau commune; l'on y jetera deux boisseaux de chaux éteinte à l'air, autant de cendre ordinaire, et l'on aura soin d'agiter chaque jour, avec une perche, le mélange, afin que les deux matières se délayent le mieux possible. Il est nécessaire que la chaux soit éteinte à l'air, pour qu'elle contienne, à saturation, le gaz acide carbonique de l'atmosphère. Dès que le liquide est assez chargé de parties salines des deux substances employées, ce que l'on connaît à sa couleur d'un blanc de lait grisâtre, ainsi qu'à sa fluidité devenue moins aqueuse, la lessive d'engrais est alors prête.

Tout étant ainsi disposé, on portera le fumier dans la citerne d'engrais, et lorsqu'on en aura fait un amas de l'épaisseur de 5 à 6 pieds, on l'arrosera sur toute la surface, au moyen d'un arrosoir ordinaire, avec du liquide puisé dans le réservoir où l'on a préparé la lessive prescrite. Cela fait, on recouvrira le tout avec une couche de terre assez épaisse. Les amas successifs de fumier qu'on y ajoutera seront placés, assaisonnés, et couverts de terre de la même manière jusqu'au dernier, sur lequel on tâchera d'en étendre de la plus compacte qu'on pourra trouver, en lui donnant l'épaisseur, au moins, de 5 à 6 pouces. Après quoi, la préparation du véritable engrais est achevée. Quand on tirera de la citerne le fumier pour s'en servir, on n'oubliera pas de mettre sur la charge qu'en portera chaque charrette des planches, ainsi que contre la partie creusée dans la masse du fumier restant dans la citerne, afin d'empêcher l'évaporation des principes gazeux, autant que possible. Arrivés au champ, le laboureur enfouira, sans le moindre délai, dans la terre, l'engrais qu'il reçoit.

Il importe aussi d'avertir que le sédiment de la chaux et de la cendre déposé au fond du puits d'où l'on a extrait tout le liquide employé pour l'arrosement du fumier, est bon jusqu'au quatrième remplissage d'eau, après lequel on le sort, on le garde en tas, exposé toujours à l'air libre, et lorsqu'on en a ramassé une suffisante quantité, on le répand sur les prés, ou sur les terres les plus légères. On ne saurait jamais se figurer de quel produit deviennent susceptibles les premiers, et les secondes, étant fertilisées par cet engrais.

En exécutant ce procédé, on conçoit facilement que le fumier ne perd point ses élémens substantiels par l'évaporation que le mouvement fermentatif augmente de plus en plus dans l'intérieur de sa masse, puisque les couches terreuses dont elle est entremêlée, s'opposent constamment au dégagement des fluides aériformes, qui sans cet obstacle se disperdraient bientôt dans l'atmosphère ; de sorte que les matières huileuses et graisseuses qui se séparent dans l'acte de la décomposition, se combinent en grande partie avec les molécules alkalines fournies par la lessive d'engrais, préalablement versée sur le fumier, et forment en abondance cette humeur savonneuse qui, à peine pompée par les racines, se convertit en sève, réservoir liquide des principes nécessaires à la vie, à la nutrition, à l'accroissement et au produit de tous les végétaux. Outre cela, le fumier préparé de la manière indiquée offre les deux grands avantages, 1° d'empêcher, par sa nature alkaline, la multiplication des insectes qui font beaucoup de mal aux germes et aux racines des plantes ; 2° de garantir, à ce qu'il nous a paru, le blé de cette maladie destructrice appelée le charbon, puisqu'il conste, d'après l'expérience, que le chaulage est le seul préservatif contre ce terrible fléau de nos récoltes.

Or, que tous les propriétaires ruraux, animés d'un même amour du bien public, adoptent maintenant avec confiance la méthode qu'on leur propose. La Providence les a choisis pour être les administrateurs des véritables richesses de la nation. L'intérêt particulier, celui de la patrie et de la société, réclament de leur zèle, à l'égard de la culture des terres qu'ils possèdent, toute l'activité, toute l'industrie dont ils peuvent être capables. D'ailleurs, aucun art ne saurait être aussi honorable que l'agriculture. Rome vit ses guerriers descendre, sans orgueil, du char de la victoire pour guider modestement, quoique environnés de l'éclat de la pourpre triomphale, la paisible charrue. Heureux donc si, après avoir fait connaître ce qui est réellement utile dans la science agraire, nous pouvions nous féliciter d'avoir étendu la principale source de la prospérité des états! La certitude de diminuer, par les lumières des sciences, les maux ou les besoins de ses semblables, procure assurément une des plus douces satisfactions dont puisse jouir le cœur humain.

———

Les ouvrages qui, dans l'état actuel de nos connaissances, ont fourni à l'auteur les matériaux les plus conformes aux théories sur la végétation, généralement adoptées, sont :

Annales de Chimie.
BONNET, Contemplation de la nature.
BUFFON, Traduction de la Statique des Végétaux d'Hales.
CADET, Dictionnaire de Chimie.
CHAPTAL, Chimie appliquée aux arts.
DE SAUSSURE, Recherches sur la Végétation

Duhamel, Traité de la Culture des terres.

Gay-Lussac et Thénard, Recherches de Physique et de Chimie.

Klaprot, Dictionnaire de Chimie.

Pluche, Spectacle de la nature.

Rozier, Cours complet d'Agriculture.

Rozier, Observations sur la Physique, l'Histoire naturelle et la Chimie.

Thénard, Traité de Chimie.

Ventenat, Principes de Botanique.

MÉMOIRE

SUR LA POTASSE INDIGÈNE,

ADRESSÉ

A M. LE DIRECTEUR DU COMMERCE ET DES MANUFACTURES DU ROYAUME DE FRANCE,

Sous-secrétaire d'état au département de l'intérieur.

Nisi utile est quod facimus, stulta est gloria.
PHÆD., Fab.

Sɪ l'on considère les usages multipliés de ce produit précieux, connu chez les chimistes, jusqu'à présent, sous le nom d'alkali végétal, et sous celui de potasse dans le commerce, on ne pourra se dispenser de convenir que tous les peuples civilisés auraient dû, depuis long-tems, sentir la nécessité de chercher, dans les plantes de leurs territoires, une matière si utile aux manipulations les plus lucratives de l'industrie manufacturière, en augmentant, par une telle acquisition, le

3 *

trésor financier de leurs pays. La verrerie, les savonneries, la teinture, la fabrication de l'alun, du salpêtre, du bleu de Prusse, la salaison des viandes pour l'approvisionnement des vaisseaux, la chimie, la pharmacie, et par conséquent la médecine, réclament à chaque instant l'abondance de l'alkali végétal, ou potasse, pour l'existence spécialement de ces ateliers qui, en vivifiant sans cesse le commerce réciproque des royaumes et des empires, mettent paisiblement à l'abri de l'indigence la partie la plus nombreuse des habitans, c'est-à-dire, celle qui ne vit que par le profit journalier d'un travail assidu. Voilà pourquoi le gouvernement français n'a pas omis de s'adresser, à différentes époques, aux chimistes nationaux, et, en général, à tous les amis du bien public, pour les engager à découvrir une plante exotique, mais facile à être acclimatée et cultivée en France, ou mieux encore, à en indiquer, parmi les indigènes, quelqu'une d'où l'on pût extraire, avec avantage, la substance alkaline tant désirée. La société d'encouragement, institution vraiment patriotique, et dont l'unique but est celui d'animer l'exercice des arts utiles, au moyen de généreuses récompenses accordées, tous les ans, à la noble émulation et au génie inventif de ceux qui les cultivent avec succès, propose de nouveau, pour sujet de prix au concours de cette année, l'indication d'une plante indigène, propre à fournir, en suffisante quantité, le produit industriel dont il s'agit. Cependant, malgré l'attrait de la gloire qu'une pareille découverte aurait procurée, malgré l'assurance d'une juste rémunération, et la certitude des plus grands avantages pour l'intérêt particulier et pour l'économie générale de l'état, la France continue toujours à être tributaire de l'étranger pour ce qui regarde un article indispensable aux productions les plus importantes de ses fabriques, soumises, en cela, à un impôt constant, pour ainsi dire, et dont le poids ne permet pas à la balance commerciale de l'Europe de pencher librement en leur faveur, dans la concurrence rivale de quelqu'autre nation manufacturière du même continent.

Pour avoir la preuve de cette vérité, il suffit de jeter un coup d'œil sur l'immense consommation des soudes et des potasses qui se fait en France annuellement. L'emploi des premières est évalué par le célèbre Thénard, dans son *Traité de Chimie*, à vingt millions de kilogrammes, tandis que celui des secondes s'élève à une quantité encore plus grande. Il est vrai que depuis l'établissement des fabriques de soude artificielle, la consommation de la potasse du commerce est moins considérable, parce que la soude sert, comme on le sait, à la vitrification et au blanchiment, aussi bien que la potasse, qui nous vient presque toute, à grands frais, des pays étrangers ; néanmoins, la dépense qu'on est obligé de faire chaque année, pour se procurer celle qui est nécessaire à alimenter nos ateliers, absorbe une somme en numéraire, très-onéreuse pour la finance statistique du royaume, pouvant affirmer, sans craindre de se tromper, qu'elle se monte à huit millions comptant par an.

Or, puisque le numéraire d'un pays peut être comparé, suivant les expressions de l'habile économiste Smith, au sang, liqueur essentielle destinée à porter la vie et la force à toutes les parties qui constituent l'organisation des êtres se mouvant, il s'ensuit que la stagnation de ce liquide animateur dans un membre quelconque y produit l'inaction, la maladie, souvent la mort, de la même manière que le manque du numéraire dans un état y occasione la diminution progressive du commerce, et conséquemment le repos, si nuisible de la classe ouvrière du peuple, malheur qui enfante nécessairement, par la suite, l'indigence, le mécontentement, la haine contre l'autorité, l'insubordination aux lois, le dernier sans doute, ou pour mieux dire, le plus redoutable de tous les maux.

Plusieurs moyens peuvent conduire un peuple à la grandeur, mais si ces moyens sont fondés sur des causes étrangères, la puissance de ce peuple sera précaire, parce que le principe de son élévation ne prendra pas sa source dans l'état. En effet, la fortune publique d'un pays marche toujours en raison inverse de l'importation des objets qui

lui sont nécessaires (1). Parmi les gouverne-
mens qui songèrent le plus à chercher dans
les produits de leur sol tout ce qui peut augmenter le bien-être et la grandeur des na-
tions, l'Angleterre occupe, sans contredit, le
premier rang. Son industrie prodigieuse,
son étonnant commerce, en sont bientôt
dérivés comme des conséquences légitimes;
aussi, quelle richesse, quelle prépondérance
n'a-t-elle pas acquises, relativement à son ter-
ritoire et aux grands états qui l'environnent?
C'est à l'époque de la régence que les Anglais sentirent, mieux que nous, quelles pou-
vaient être les causes de leur future prospérité. Le ministre fit des règlemens, se donna
des soins, assura des récompenses. L'agriculture, l'exploitation des mines, les procédés nécessaires au perfectionnement des
manufactures nationales, firent des progrès
rapides; la population s'accrut; de nombreux
ateliers employèrent utilement la plus grande
partie des habitans, un commerce florissant

____

(1) Voyez Annales de la Société d'Agriculture de l'Arriége, an 1817.

commença à s'étendre sur tous les points de l'empire, et les flottes de la Grande-Bretagne, après avoir fait courageusement le tour du globe, revinrent, en peu de tems, et comme en triomphe, réunir à Londres les richesses de tous les peuples à celle que donnaient déjà le sol le mieux cultivé et l'industrie la plus active. Cela posé, une découverte, dont le résultat serait celui de faire refluer dans la masse circulante du numéraire d'un pays le capital imposant de plusieurs millions, ne devra-t-elle pas être regardée comme une découverte de la plus grande importance pour l'industrie, le commerce et l'économie financière de l'état? Celle que j'ai l'honneur de présenter au gouvernement éclairé et paternel sous lequel j'ai le bonheur de vivre, remplit, sous tous les rapports, ce grand but. Qu'il me soit donc permis d'espérer qu'on daignera l'accueillir avec cet empressement et faveur qui sont, en pareil cas, les deux marques caractéristiques d'un ministère entièrement occupé du bien public.

Peut-on vraiment, par la culture d'une

plante exotique et alkalifère, affranchir la France du tribut annuel qu'elle paie à l'étranger pour l'acquisition de la potasse indispensable à ses fabriques? Voilà la question que je me suis proposé de résoudre principalement. En admettant la possibilité d'une telle entreprise, j'ai senti d'abord qu'on ne pouvait pas en obtenir le succès, sans accorder à la végétation de la nouvelle plante une immense étendue de terrain, actuellement destinée à fournir les productions céréales, si nécessaires à la subsistance de l'espèce humaine; de sorte qu'en donnant aux arts ce qui est dû au premier des besoins, la nourriture, je ne voyais dans cet échange qu'un résultat en pure perte pour le bienêtre du royaume. Il ne faut pas objecter ici que la France ne manque pas de sol indépendamment de celui des champs; car on répond que la France, pays où l'agriculture a été portée en général au point de perfection, auquel elle pouvait atteindre, dans l'état de nos connaissances, de sa situation topographique, et de ses relations commerciales, offre, il est vrai, quelque surface assez vaste de terrain sans culture ; mais que ce terrain, ou est reconnu depuis long-tems pour être frappé d'une invincible stérilité, ou bien que son éloignement des lieux habités en rend le défrichement aussi coûteux dans la main-d'œuvre que peu profitable dans le rapport. Ainsi, me trouvant dans la nécessité de tourner mes vues vers les plantes indigènes, et conséquemment vers celles qui, en contenant assez d'alkali, n'exigent pas cependant la moindre soustraction de terrain consacré désormais à la culture des végétaux alimentaires, je vis que toutes les céréales et les légumineuses devaient en être exclues, parce qu'elles servent à la nourriture de l'homme et des bestiaux, ou bien, parce qu'on les emploie généralement comme un excellent engrais pour la terre. Le problème me parut alors insoluble. Quelle fut ma satisfaction, lorsqu'en continuant mon travail, avec autant de zèle que de constance, je trouvai dans la parmentière, ou pomme de terre, toutes les conditions requises pour extraire utilement la substance alkaline qui était l'objet de mes recherches ! Cette plante, devenue indigène de notre sol, ainsi que des pays les moins fertiles du continent, peut être appelée, à juste titre, un vrai présent du ciel. Sa récolte ne manque presque jamais. Elle ne craint ni la gelée, ni la grêle, ni la coulure, ni les autres accidens qui anéantissent dans un clin d'œil le fruit de nos moissons; de sorte que, dans la multitude innombrable des plantes qui couvrent la surface sèche et la surface humide du globe, il n'en est point qui, comme elle, soit plus digne, après le froment, le seigle, l'orge et le riz, de nos soins et de nos hommages; en un mot, c'est bien de toutes les richesses des deux Indes celle dont l'Europe doit bénir de préférence l'acquisition, puisqu'elle n'a coûté ni crimes, ni larmes à l'humanité. Ajoutons maintenant, à l'énumération de ces qualités remarquables, l'avantage qu'elle offre de fournir, en assez grande quantité, le bon alkali, ou potasse, et nous aurons tout le droit de dire avec vérité, que la nature a créé ce végétal précieux pour être l'aliment des hommes, ainsi que celui des animaux et des arts à la fois. Il n'y a personne qui ne sache que des cendres d'une plante quelconque lessivées, on peut retirer par l'évaporation la potasse, ou salin. Quelques auteurs, tels que Kirvan, Pertuis et Chaptal, ont même dit que les feuilles et les nervures du tabac, les tiges du tournesol, le blé de Turquie, la fougère, la bruyère, les fruits du marronnier d'Inde, le genêt, le chardon renferment chacune beaucoup d'alkali; mais tout cela n'est à la rigueur qu'une expression vague, ou pour mieux dire, qu'un mot applicable à bien d'autres végétaux. Une véritable découverte est le résultat d'une suite de combinaisons réfléchies, par lesquelles l'entendement humain, en poussant ses recherches dans le sentier de la vérité, observe, rectifie, compare et calcule. C'est par les faits, le seul langage de l'expérience, et non pas par les mots, qu'on arrache à la nature les secrets les plus importans; et si des expressions vagues suffisaient pour établir l'existence des découvertes, il n'y en aurait peut-être aucune qu'on ne pût enlever à leurs innovateurs, sous le prétexte ridicule de quelque antérieure indication. Ce n'est, en effet, qu'après un grand nombre de recherches et d'expériences que je suis parvenu à connaître, d'une manière positive, que la pomme de terre était la plante la plus propre à réaliser les avantages de ma découverte,

1° Parce que sa culture est facile, et son produit annuel immanquable ;

2° Parce qu'elle fournit, pour l'objet en question, deux récoltes abondantes par an ;

3° Parce qu'elle n'enlève aucune fraction du terrain destiné déjà à la production des végétaux alimentaires ;

4° Parce qu'elle contient, en suffisante quantité, la potasse cherchée ;

5° Enfin, parce qu'en raison de son nouveau rapport, sa culture doit s'accroître rapidement, et procurer aux propriétaires ruraux et aux gens de la campagne, une ressource industrielle, également certaine et lucrative.

A l'égard de ce dernier point, voici ce qu'en pense le célèbre Chaptal dans son ouvrage intitulé : *Chimie appliquée aux arts*.

« Il me paraît, dit-il, que le gouverne-
» ment français, tributaire de l'étranger,
» pour ce qui fait la base des savonneries en
» savon mou, des verreries, des salpêtre-
» ries, etc., devrait chercher à populariser
» ce genre de fabrication. Je dis populari-
» ser, car, comme les matières de fabrica-
» tion sont partout, il suffit de ce procurer
» un simple cuvier, un petit baquet et un
» chaudron de fer de fonte pour faire du
» salin. Cet atelier portatif peut être établi
» partout, et à peu de frais. Il serait surtout
» très-avantageux de le faire connaître dans
» le pays de montagnes, où il deviendrait
» une branche d'industrie très-utile aux ha-
» bitans. »

Pour donner maintenant une nouvelle
preuve des recherches multipliées que j'ai
faites dans mes travaux, j'indiquerai une
autre plante, aussi riche en salin que la
pomme de terre, et qui par conséquent
peut être associée à cette dernière, dans la
vue d'augmenter le produit manufacturier
dont on vient de parler. Cette plante est

connue par les botanistes sous le nom d'*Aster Sinensis*, et généralement sous celui de *Reine Marguerite*. Devenue, comme la pomme de terre, indigène de notre sol, toute sorte de terrain lui convient. On la sème dans le printems. Elle fleurit au mois d'août, et sèche naturellement sur pied, à la fin d'octobre. Dans cet état, elle fournit, étant soumise sans autre délai aux opérations ordinaires, la potasse qu'elle recèle.

On pourrait donc semer cette belle plante dans les intervalles qui séparent les souches de vignes, à l'époque à laquelle on exécute le dernier travail qui leur est nécessaire. Indépendamment de l'avantage qu'on aurait par ce moyen, de nullement occuper les autres terrains consacrés à la culture des végétaux de première nécessité, nos vignobles, embellis par l'éclat des grandes et superbes fleurs de cette plante, prendraient l'aspect le plus riant, je dirai même le plus pittoresque ; car rien ne pourrait égaler la magnifique décoration champêtre qu'offrirait à l'œil enchanté du voyageur un vaste

coteau, dominant sur la plaine, et présen-
tant de loin son sol émaillé de fleurs, dif-
féremment et vivement coloriées, à côté du
beau vert des pampres rampans de l'arbuste
liquorifère, dédié au puissant fils de Sé-
mélé.

Relativement à la pomme de terre, la
quantité de son produit en potasse et le détail des opérations, au moyen desquelles on
l'extrait, sont rapportées, avec la plus grande
exactitude et légalité, dans le procès-verbal
ci-joint.

D'après tout cela, si la richesse d'une nation dépend du moins du besoin où elle se
trouve, d'avoir recours aux autres pays; si
la civilisation, le commerce, la morale publique, acquièrent, par cette heureuse indé-
pendance, leur progressive amélioration, je
suis autorisé à regarder ma découverte
comme une source de prospérité, et à espérer le suffrage honorable du gouvernement réparateur, qui préside maintenant
avec tant de gloire au bonheur du peuple
français.

Je dirai donc, en me servant des mêmes expressions de l'immortel auteur de *l'Esprit des lois*, « qu'une découverte utile aux arts » ranime l'industrie, et contribue toujours » à la puissance des états. »

OPÉRATIONS A SUIVRE

POUR

OBTENIR DES FANES DE POMMES DE TERRE

TOUT LE SALIN OU POTASSE QU'ELLES RENFERMENT.

—

Dessiccation des fanes de pommes de terre.

Après avoir coupé les fanes de ce tubercule en pleine floraison, à un pouce et demi de distance au dessus du niveau du terrain, pour faciliter ainsi leur reproduction, ce qui a lieu en peu de jours, on laisse sur le sol même les fanes coupées, dans la vue de les faire passer à une première dessiccation. Dès qu'on les voit entièrement flétries, on les transporte dans un endroit sec et aéré, en les remuant tous les trois ou quatre jours, afin qu'elles parviennent à un total desséchement. L'expérience m'a démontré qu'elles fournissent, séchées de cette manière, une quantité bien plus considérable de salin que quand on les emploie ayant été séchées en restant sur le sol du champ, exposées à toutes les vicissitudes de l'atmosphère, apparemment parce que le serein, la rosée, ou les pluies, dont leur substance végétale s'imbibe, dissolvent davantage l'alkali qu'elle recèle, et le rendent propre à être entraîné, avec la vapeur aqueuse dans l'air environnant, par l'action des rayons solaires qui échauffent, comme on le sait, vivement pendant les longues journées de l'été. L'indication certaine du desséchement convenable des fanes des pommes de terre qu'on destine à l'extraction de la potasse, est l'aptitude que chacune de leurs parties présente à se casser net et avec bruit, en les pliant brusquement. J'ai reconnu d'une manière incontestable que le produit en salin des fanes, mal séchées, était beaucoup inférieur à celui qu'on obtient dans le cas contraire.

Incinération.

La plus mauvaise méthode de réduire en cendres les fanes de pommes de terre est celle de les brûler dans des fosses creusées au dessous du niveau du terrain, comme le pratiquent les fabricans de soude. L'incinération, exécutée de cette façon, est toujours imparfaite, et occasione une perte notable de salin, parce que l'humeur qui le renferme est pompée par la terre de la fosse, à mesure que le calorique l'expulse de la substance végétale soumise à son action. Il est donc nécessaire que la combustion soit faite à l'air libre, dans un tems calme, et par un feu modéré, ayant soin de ne jamais ajouter de la nouvelle matière combustible, que lorsque celle, jetée auparavant dans le foyer, a été totalement convertie en cendre. Une violente combustion diminue considérablement le produit en salin qu'on peut obtenir.

Lexiviation.

La combustion des fanes de pommes de

terre étant terminée, on laisse refroidir d'elles-mêmes les cendres qui en résultent. Ecrasées ensuite et réduites en poudre assez fine, on les étend sur un drap de toile grossière, et l'on enfonce le tout dans l'intérieur d'un cuvier, à deux tiers à peu près de profondeur. Cela fait, on verse dessus de l'eau bouillante à plusieurs reprises. La lessive qui s'écoule du cuvier est reçue dans un récipient placé au dessous. Enfin, on remue et l'on change de position les cendres à chaque versement d'eau successif, après le quatrième ou cinquième écoulement de lessive.

Lorsque l'eau qui sort du cuvier est claire, insipide et sans action sur le sirop de violettes, les cendres, sur lesquelles on a opéré, ne contiennent plus d'alkali.

Extraction du salin.

Par une ébullition modérée et soutenue, on vaporise tout le liquide aqueux de la lessive recueillie ; ce qui reste est le salin, ou potasse qu'elle renfermait.

En pratiquant la méthode qu'on vient d'indiquer, on obtiendra constamment une quantité de salin au dessus de deux tiers par rapport au poids des cendres employées, produit qui est, sans contredit, fort considérable.

FIN.

COLLECTION

des Mœurs françaises, anglaises, italiennes, etc.

L'Hermite de la Chaussée-d'Antin, ou Observations sur les mœurs et usages des Parisiens au commencement du XIXe siècle, avec cette épigraphe :

> Chaque âge a ses plaisirs, son esprit et ses mœurs.
> BOILEAU, *Art poétique.*

Par M. de Jouy, membre de l'Académie française. Cinq forts vol. in-12, ornés de 12 jolies gravures et de fleurons. Prix. . . . . 18—75
Le même, cinq vol. in-8°. Prix . . . . . . 30—0
Papier vélin. . . . . 50—0

Guillaume le Franc-Parleur, ou Observations sur les mœurs, etc.; faisant suite à l'Hermite de la Chaussée-d'Antin, et par le même auteur. Deux vol. in-12, ornés de 4 jolies grav. et de fleurons. Prix.   7—50
Le même, deux vol. in-8°. Prix. . . . . . 12—0

L'Hermite de la Guiane, ou Observations sur les mœurs françaises, etc.; faisant suite à l'Hermite de la Chaussée-d'Antin et au Franc-Parleur, et par le même auteur. Trois vol. in-12, ornés de 6 jolies gravures et de fleurons. Prix . . . . 11—25
Le même, trois vol. in-8°. Prix . . . . . . 18—0

L'Hermite en Province (suite de l'Hermite de la Chaussée-d'Antin, etc.), par M. de Jouy, etc. ; six vol. in-12, ornés de 12 jolies gravures et vignettes. Prix. . . . . 22—50
Le même, six volumes in-8°. Prix . . 36—0

L'Hermite de Londres, ou Observations sur les mœurs et usages des Anglais au commencement du XIXe siècle, faisant suite à la collection des Mœurs françaises par M. de Jouy, membre de l'Académie française. Trois vol. in-12. Prix. . . . . 11—25
Le même, trois vol. in-8°. Prix . . . . . . 18—0
Papier vélin. . . . . 56—0

L'Hermite en Italie, ou Observations sur les mœurs et usages des Italiens au commencement du XIXe

siècle, faisant suite à la collection des Mœurs françaises et anglaises. Quatre vol. in-12, ornés de gravures, cartes géographiques et vignettes offrant des vues de lieux et de monumens remarquables. Prix. . . . . 15—0
Le même ouvrage, quatre vol. in-8°, figures premières épreuves. . . . . 24—0
Papier vélin . . . . 48—0

Cours pratique et théorique d'arithmétique, d'après la méthode de Pestalozzi, etc. ; contenant des exercices de calcul de tête pour tous les âges; un grand nombre d'applications; des questions théoriques sur les diverses parties de l'arithmétique, et qui peuvent servir d'examen; une table de la réduction des monnaies étrangères en monnaies françaises; une théorie des logarithmes, etc., etc.; ouvrage également propre aux instituteurs et aux mères de famille qui veulent donner à leurs enfans les premières notions de cette science, et dans lequel on n'a rien négligé de tout ce qui pouvait en rendre l'utilité plus générale ; par H. L. D. Rivail, disciple de Pestalozzi. Deux volumes in-12. Prix . . . . 6—0

L'Egypte sous Méhémed-Ali, ou Aperçu rapide de l'administration civile et militaire de ce pacha, publié par M. Joly, sur le manuscrit de M. Thédenat-Duvent, consul français à Alexandrie. Un vol. in-8°, orné du portrait de Méhémed-Ali. Prix. . . . . 3—0

Sous presse, pour paraître en février 1825.

L'Hermite du Faubourg Saint-Germain, ou Observations sur les mœurs et usages des Parisiens au commencement du XIXe siècle; *faisant suite à la* Collection des Mœurs françaises de M. de Jouy; par M. Colnet, auteur de *l'Art de Dîner en Ville.* Deux volumes in-12, ornés de gravures, vignettes et culs-de-lampe dessinés et gravés par d'habiles artistes.

www.ingramcontent.com/pod-product-compliance
Lightning Source LLC
Chambersburg PA
CBHW061355060726
47597CB00003B/878